我不知道
黑猩猩
会使用
工具

我不知道系列：动物才能真特别

I didn't know that chimps use tools

我不知道 黑猩猩会使用工具

[英] 凯特 · 贝蒂◎著 [英] 麦克 · 泰勒◎绘

蒋玉红◎译

哈尔滨出版社
HARBIN PUBLISHING HOUSE

我不知道

前言

你知道吗？有些猴子长着尖牙；吼猴是陆地上最吵闹的动物；猕猴会清洗它们的食物；有只大猩猩还学会了使用手语……

快来认识各种猴子和类人猿，知道它们的不同之处，它们吃些什么，它们怎样交流以及表示友好，它们如何繁育宝宝，以及它们的敌人是谁，一起走进神奇的灵长目动物世界！

注意这个图标，它表明页面上有个好玩的小游戏，快来一试身手！

真的还是假的？看到这个图标，表明要做判断题喽！记得先回答再看答案。

别忘了读一读页边上的妙妙灵长目小百科！

我不知道

类人猿和猴子不一样。它们的体形比猴子大，可以用后脚直立。类人猿包括猩猩、黑猩猩、大猩猩和长臂猿。猴子有尾巴，而类人猿没有尾巴。

找一找

你能找到 4 只猴子和 2 只类人猿吗？

白眉猴

猴子和类人猿属于同一类哺乳动物，叫作灵长目动物。大多数灵长目动物都生活在树上。它们很聪明，眼睛长在脸前方，能帮它们很好地判断物体的距离。婴猴和狐猴（左图）也是灵长目动物。

真的还是假的?

人类是灵长目动物。

答案：**真的**

人类和类人猿、猴子同属于灵长目动物，但是与它们没有直接的关联。古生物学家认为，大约在1000万年前，人类和类人猿有着共同的祖先。

! 类人猿的脸长得和人类很相像。

南美洲没有类人猿。

卷尾猴

分布在非洲和亚洲的猴子，如疣猴，它们的鼻孔朝下，屁股上有臀疣。而南美洲的猴子，如卷尾猴，鼻孔朝向两侧，屁股上没有臀疣。

疣猴

不是所有的类人猿和猴子都生活在森林里。在非洲和亚洲，一些猴子生活在泥泞的沼泽地区。狒狒（下图）更喜欢生活在草原上或者干燥、多岩石的小山上。

我不知道

有些猴子生活在山上。日本猕猴生活在日本北部的大山里。到了冬天，它们喜欢泡在暖和的水里——即地底冒出的温泉。这真是个取暖的好方法！

真的还是假的？

欧洲没有类人猿。

答案：**假的**

地中海猕猴生活在西班牙南部的直布罗陀森林里。它们可能是在很久以前被人从非洲带过去的。

! 南美洲的猴子全都生活在树上。

! 猩猩会用手和脚摘水果。

真的还是假的？

有些类人猿会吃肉。

答案：**真的**

除了吃水果，黑猩猩也喜欢吃肉。它们是聪明的捕食者，会一起合作抓捕疣猴、羚羊或是野猪。可是抓到猎物后，它们常常会因为应该怎样分配猎物而大打出手。

倭狨

南美洲的倭狨会用它们长长的锋利牙齿在树干上凿洞，吮吸里面甜甜的、黏黏的树液（左图）。

绒毛猴

猴子以森林中的水果为食，对种子的传播非常有帮助。一小群猴子每天可以“播下”成千上万颗种子。

蜘蛛猴

我不知道

有些猴子有 3 只手。南美洲的蜘蛛猴和绒毛猴把它们长长的强壮尾巴当作第 3 只手来使用。它们的尾巴可以抓握水果等食物，也可以缠绕在树枝上，紧紧地抓住树枝。

! 那些爱吃很多树叶的动物通常都有一个大肚子。

试着在健身房的单杠上吊一段时间，你就知道为什么长臂猿会有长长的钩状指头和2条肌肉发达的手臂了。

我不知道

长臂猿是个杂技演员。在亚洲的森林里，长臂猿生活得舒适而自在。它们的双臂很长，能吊荡树枝前进，即双臂悬挂在树枝上，2 只手交替前行。

！长臂猿在森林中穿行的速度比其他动物都要快。

南美洲的松鼠猴体形轻盈，动作敏捷。它们能在树枝上奔跑，还能像松鼠一样在树枝间跳跃。

找一找

你能找到 5 只蝴蝶吗？

大猩猩和黑猩猩用手指关节和脚掌触地而行，这种方式被称为指背行走。

我不知道

找一找

你能找到潜伏着的狮子吗？

有些猴子生活在一个大群体中。狒狒生活在空旷的草原上，成群结队地出来活动，群体由雄性狒狒率领。它们轮流放哨，站在高处视察以防猎豹和狮子靠近。

类人猿或猴子会互相梳理皮毛。这种行为可以增进群体成员间的感情，有助于它们友好往来，同时还能让自己保持干净呢！

真的还是假的?

有些类人猿喜欢独自生活。

答案：**真的**

猩猩生活在东南亚的雨林深处。每只猩猩在森林里都有自己的领地，和其他猩猩邻居保持着一定的距离。雌性猩猩和幼崽（1只或2只）一起生活，形成一个小群体。

在黑猩猩群体中，体形最大、年纪最大和最聪明的黑猩猩地位较高。雄性黑猩猩经常互相威胁和恐吓，以提高自己在群体中的实力排名。

! 长臂猿生活在小群体中，爸爸、妈妈和宝宝组成一个家族。

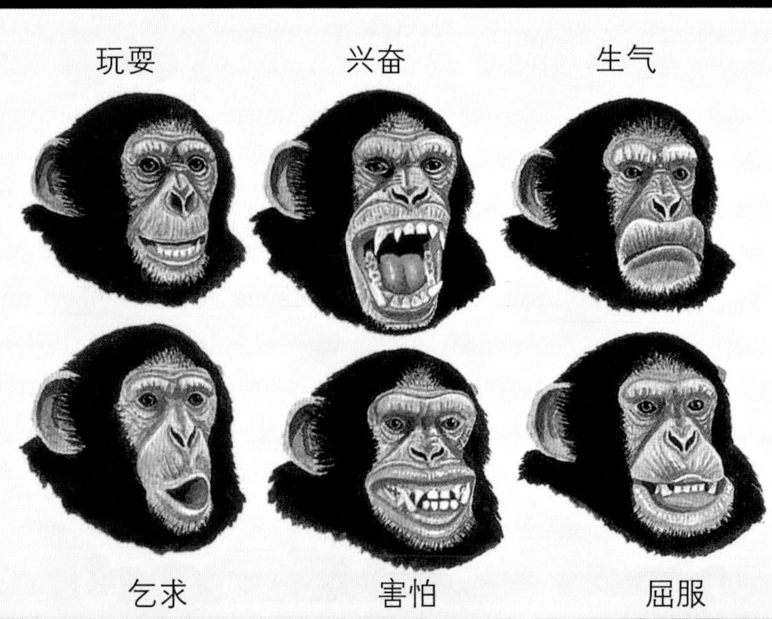

黑猩猩会做各种表情，发出许多不同的声音。它们用这种方式进行交流，避免发生争论，在有危险的时候对同伴发出警告。

真的还是假的？

雌猴的屁股会变红。

答案：**真的**

每到发情期，雌猴的臀疣会变大，颜色变成鲜艳的粉红色。这对雄猴来说是一个明显的信号——可以追求“她”了。

猴子的脸上很少会露出表情。

我不知道

山魈

有些猴子会化妆。山魈生活在西非多石的山上。雄性山魈的面部有鲜艳的色彩，非常显眼，这有利于它们互相识别，相互联络，也能帮它们吸引异性。

把自己打扮成一只英俊的山魈吧！找一套面部彩绘颜料和一面镜子，然后照着山魈的模样给自己化妆。在往脸上涂颜料之前，先画好山魈的面部轮廓哦。

我不知道

找一找

你能找到这条巨蟒吗？

灵长目动物是最好的父母。大部分类人猿和猴子一次只生1个宝宝，父母会给予宝宝很多关爱。灵长目妈妈会教给宝宝需要掌握的全部知识和本领，并照顾它很多年。

黑猩猩宝宝会玩耍好几个小时。它们学着在树枝上荡秋千、爬树，以及在群体中其他黑猩猩面前举止得体。

真的还是假的？

在灵长目动物中，总是妈妈在照顾刚出生的宝宝。

答案：**假的**

雄性伶猴是慈爱的父亲（下图）。不管伶猴爸爸去哪里，总是带着自己的宝宝。只有在喂食时，伶猴爸爸才会把宝宝交给伶猴妈妈。

许多叶猴宝宝的皮毛是亮橙色的（上图），而成年叶猴的皮毛是灰褐色的。科学家认为，叶猴宝宝鲜亮的颜色能引起成年叶猴的注意，让自己得到更好的保护。

！长臂猿宝宝的屁股上有一簇白毛，在黑暗中非常显眼。

我不知道

黑猩猩会使用工具。黑猩猩是聪明的发明家。它们会削1根细细长长的小树枝，然后用这根小树枝做钓鱼竿，在白蚁丘上“钓”出美味的白蚁。

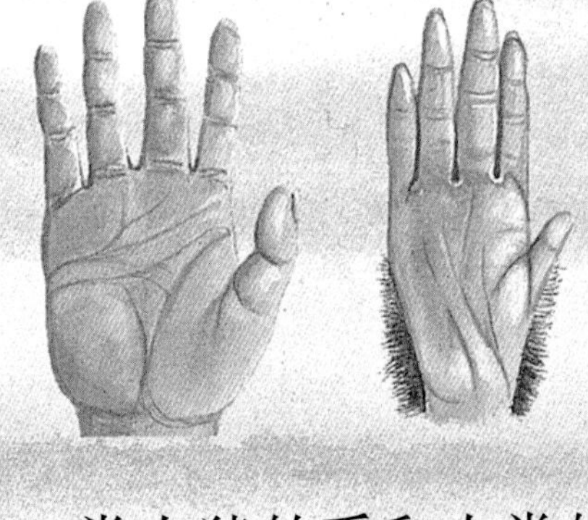

类人猿的手和人类的手非常相似。它的拇指可以通过弯曲接触到其他指尖，这让类人猿可以抓起东西，并小心拿好。

黑猩猩

真的还是假的?

类人猿能学会1种语言。

答案：**真的**

类人猿有聪明的大脑。多年以来，科学家一直在研究类人猿，并教它们用符号和手势进行交流。其中，有只大猩猩已经学会用手语“说”出完整的句子。其他类人猿掌握了100多种不同的符号。

猴子会互相模仿和学习。据说，日本有只猕猴在沙滩上找到1个土豆，拿到海水里清洗上面的沙子。其他猕猴纷纷效仿，现在它们全都学会把食物洗干净再吃了。

！类人猿永远也学不会说话，因为它们不能发出一些复杂的元音和辅音。

! 黑猩猩会朝它们的敌人扔枝条和石头。

我不知道

鹰会捕食猴子。角雕是猴子的天敌。这些捕食者目光敏锐，在森林上空无声地飞来飞去。它们会抓住树枝上的猴子，用强有力的爪子将其撕碎。

角雕

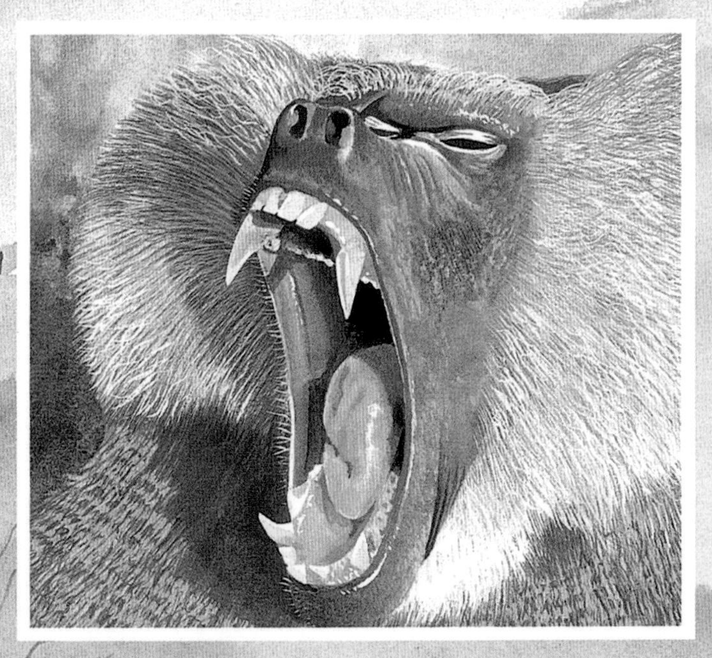

真的还是假的?

有些猴子长着尖牙。

答案：**真的**

狒狒长着一副长长的尖牙（左图）。雄性狒狒在咆哮时露出尖牙，以此来恐吓豹子、狮子或其他对群体产生威胁的捕食者。

雄性大猩猩怎样吓走敌人？它们昂首挺胸地站起来，露出牙齿大声咆哮，同时用双手击打自己的胸膛（右图）。

卷尾猴

银背大猩猩几乎和人一样高。

我不知道

银背大猩猩

有些大猩猩有银色皮毛。成年雄性大猩猩的背毛会变成银色，因此它们被称为“银背大猩猩”。体形巨大的银背大猩猩负责保护整个“家族”，并决定在哪里睡觉和吃饭。

找一找

你能找到大象吗？

大猩猩是地球上体形最大的灵长目动物。它们头骨宽大，四肢强健，肌肉强劲有力。可它们却是温和的素食主义者，以嫩叶、树根、水果以及菌类为食。

真的还是假的？

大猩猩会在树上做窝。

答案：**真的**

每到晚上，大猩猩都会在树上或地上用树枝和树叶搭建自己的小窝。它们也会在中午做窝，这样午饭后就可以打个小盹了。

银背大猩猩的重量是人的3~4倍，甚至更多。

类人猿、猴子和人类太相似了，因此科学家常常用它们做研究。科学家们用它们试验新型药物，甚至还把黑猩猩送上了太空。许多人认为这太残忍了，试着制止这种做法。

哈奴曼叶猴（也叫印度灰叶猴）在印度受到了保护。作为印度的猴神，哈奴曼勇敢地从魔鬼手中解救出了罗摩的妻子，帮助了罗摩。

！棉冠狨猴宝宝被抓后，常作为宠物被出售。

我不知道

找一找

你能找到巡逻队的吉普车吗?

有些类人猿和猴子是孤儿。当类人猿和猴子被捕食者杀死后，它们的幼崽就成了无助的孤儿。巡逻队把这些幼崽带到特殊的保护区，它们在那里可以安全地生活，被抚养长大。

黑猩猩幼崽

夜猴生活在南美洲，它是世界上唯一的夜行性猴子。夜猴有一双大眼睛，可以在黑夜中看清东西。

夜猴

这个鼻子大得出奇的猴子是来自东南亚的雄性长鼻猴。当它兴奋时，鼻子会变成红色，帮助它吸引异性。

世界上最有名的灵长目动物出现在电影《金刚》中，这部影片制作于20世纪30年代（左图）。影片讲述了一只巨型大猩猩的故事，故事发生在纽约。

在古埃及，阿拉伯狒狒被奉为“神圣的猴子”。

好几百年前，猴子被认为是魔鬼的化身。

我不知道

猴子是陆地上最吵闹的动物。南美洲的吼猴会发出震耳欲聋的声音，远在数千米之外的地方都能听见。吼猴的下颚有类似共鸣腔的结构，因此能发出震耳欲聋的吼声。

词 汇 表

表情

动物脸上的神情，表明它的感受。

缠绕

动物身体的一部分，如猴子的尾巴，可以盘绕并紧紧抓住东西。

交流

和其他动物或人分享观点、信息和感受。

灵长目动物

人类、类人猿和猴子都属于灵长目动物。

树液

植物的根茎或叶子中甜甜的液体。

臀疣

有些类人猿和猴子的屁股上厚而坚韧的皮肤。

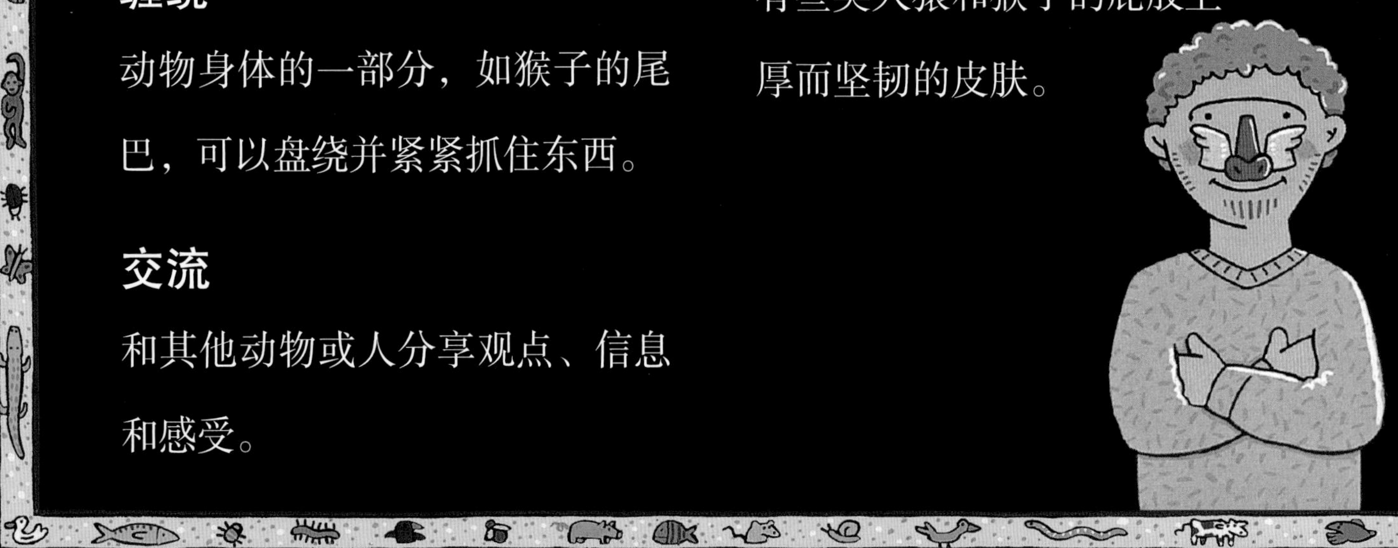

研究

为了发现一些新的信息而钻研某事物。

药物

可以治疗疾病的药剂。

夜行性

只在夜间外出活动的习性。

祖先

演化成现代各类生物的各种古代生物。

黑版贸审字 08-2020-073 号

图书在版编目（CIP）数据

我不知道黑猩猩会使用工具 /（英）凯特・贝蒂著；(英) 麦克・泰勒绘；蒋玉红译. -- 哈尔滨：哈尔滨出版社, 2020.12

（我不知道系列：动物才能真特别）

ISBN 978-7-5484-5426-7

Ⅰ. ①我… Ⅱ. ①凯… ②麦… ③蒋… Ⅲ. ①黑猩猩 - 儿童读物 Ⅳ. ①Q959.848-49

中国版本图书馆CIP数据核字(2020)第141323号

书　　名：我不知道黑猩猩会使用工具
WO BUZHIDAO HEIXINGXING HUI SHIYONG GONGJU

作　　者：[英]凯特・贝蒂 著　[英]麦克・泰勒 绘　蒋玉红 译
责任编辑：马丽颖　尉晓敏　　责任审校：李　战
特约编辑：严　倩　陈玲玲　　美术设计：柯　桂

出版发行：哈尔滨出版社（Harbin Publishing House）
社　　址：哈尔滨市松北区世坤路738号9号楼　　邮编：150028
经　　销：全国新华书店
印　　刷：湖南天闻新华印务有限公司
网　　址：www.hrbcbs.com　　www.mifengniao.com
E-mail：hrbcbs@yeah.net
编辑版权热线：（0451）87900271　87900272
销售热线：（0451）87900202　87900203

开　　本：889mm×1194mm　1/16　印张：12　字数：60千字
版　　次：2020年12月第1版
印　　次：2020年12月第1次印刷
书　　号：ISBN 978-7-5484-5426-7
定　　价：98.00元（全6册）

凡购本社图书发现印装错误，请与本社印制部联系调换。
服务热线：（0451）87900278